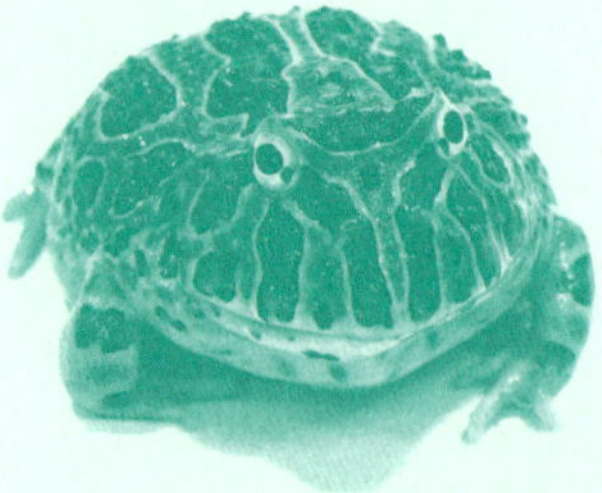

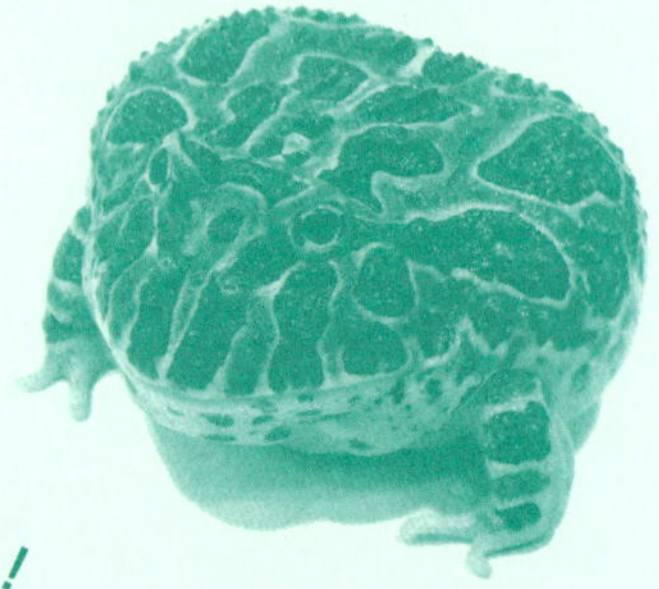

初めてでも大丈夫！

ベルツノガエルの飼い方・育て方

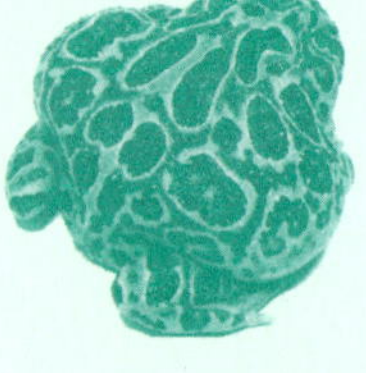

● 監修：白輪剛史（iZoo園長）

写真協力：iZoo／あわしまマリンパーク

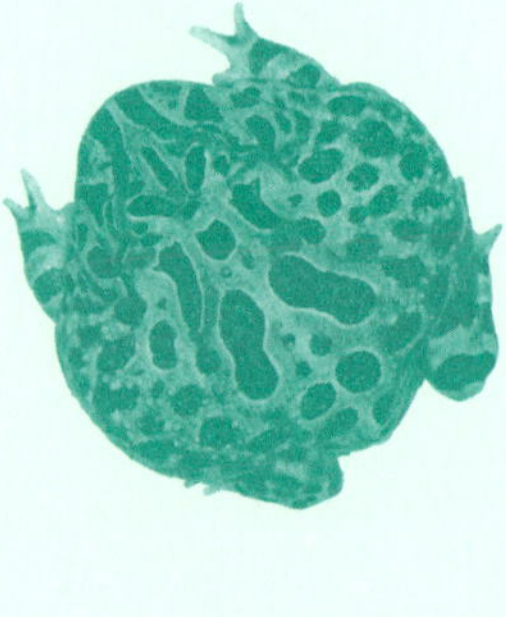

東京堂出版

カエルは、表面がブツブツだし
ジメジメしていてなんか気持ちが悪い。
触るとブヨブヨしているし、
目も飛び出しているし、口も大きいし変な顔をしている。
一緒に暮らすことなんて絶対無理！
えっ！そうですか？
そうかなぁ。
どことなく誰かに似ているユーモラスな顔。
派手なカラダもよく見れば、
精一杯おシャレしているようにも見えます。
本書を開けば、カエルたちの不思議な魅力に驚くはずです。
カエルは、長生き。
カエルは、世話が楽。
カエルは、夜帰っても待っていてくれる・・・
きっと、本書を閉じる時には、
カエルと暮らしたくなっていること間違いなし！

第1章 カエルの基礎知識 …… 7

カエルは、ほぼ地球全域に住んでいる …… 8
小さなカエル、大きなカエル …… 9
カエルの寿命 …… 10
カエルは、両生類 …… 10
両生類の仲間 …… 11
カエルのカラダ …… 12
カエルの性別は見分けられるの？ …… 14
カエルが大好きな場所 …… 16
カエルの大好物 …… 17
乾燥が苦手 …… 18
温度の変化に弱い …… 19
カエルの天敵 …… 19
カエルの一生 …… 20

第2章 カエルの基本行動 …… 23
泳ぐ …… 24
ジャンプする …… 26
歩く …… 28
食べる …… 30
隠れる …… 32
威嚇する …… 34
鳴く …… 36

第3章 どんなカエルと暮らす？ 【飼育予備編】 …… 39
ツノガエル …… 40
モモアカアルキガエル …… 42
イエアメガエル …… 44
バジェットガエル …… 46

ニホンアマガエル …… 47
アカメアマガエル／アジアジムグリガエル …… 48

第4章 ベルツノガエルと暮らしたい【飼育実践編】

ベルツノガエルと暮らしたい【飼育実践編】 …… 51
ベルツノガエルと暮らす10の理由 …… 52
丈夫な個体の選び方と予算 …… 54
カエルのお家を作ろう …… 56
カエルだって居心地のいい環境で暮らしたい …… 58
ベルツノガエルのお世話 …… 60
ベルツノガエルのごはん …… 62
ベルツノガエルと触れ合う …… 64
ベルツノガエルのタブー集 …… 66
健康チェックと病気 …… 68
ベルツノガエルの結婚と繁殖 …… 70
ベルツノガエル七変化 …… 72
ベルツノガエルの仲間たち …… 74

コラム
①カエルは、環境の変化に弱い生き物 …… 22
②「カエル」と「かわず」 …… 38
③カエルの故事・ことわざ …… 50
④ベルツノガエルが好む生き餌たち …… 76
⑤オス・メスの見分け方 …… 77
⑥白輪園長がソッと教える　ベルツノガエル飼育のコツのコツ …… 78

第5章
白輪園長オススメ！
優良「カエル」ショップ＆パーク …… 79

あわしまマリンパーク「カエル館」 …… 80
爬虫類倶楽部 中野店 …… 82
Herptile Farm NUANCE（ハープタイル・ファーム ニュアンス） …… 84
Endlesszone（エンドレスゾーン） …… 86
Pumilio（プミリオ） …… 88
iZoo（イズー） …… 90
納得！カエルQ＆A …… 92
奥付 …… 96

第1章

カエルの基礎知識

カエルと暮らす前に、
出身地域や大きさ、種類、寿命…、
まずはカエルの基礎知識を
しっかり押さえよう。

カエルは、ほぼ地球全域に住んでいる

カエルは、現在約4400種類が確認されています。寒帯地域や乾燥した砂漠などをのぞいて、地球上のほとんどすべての地域の水辺に生息しています。驚いたことに、〝極寒〟のイメージがあるシベリアにもアフリカのサバンナにも住んでいます。

日本には、一部の島嶼地域をのぞき、5科43種（亜種を含む）が分布しています。およそ半分が日本の固有種です。

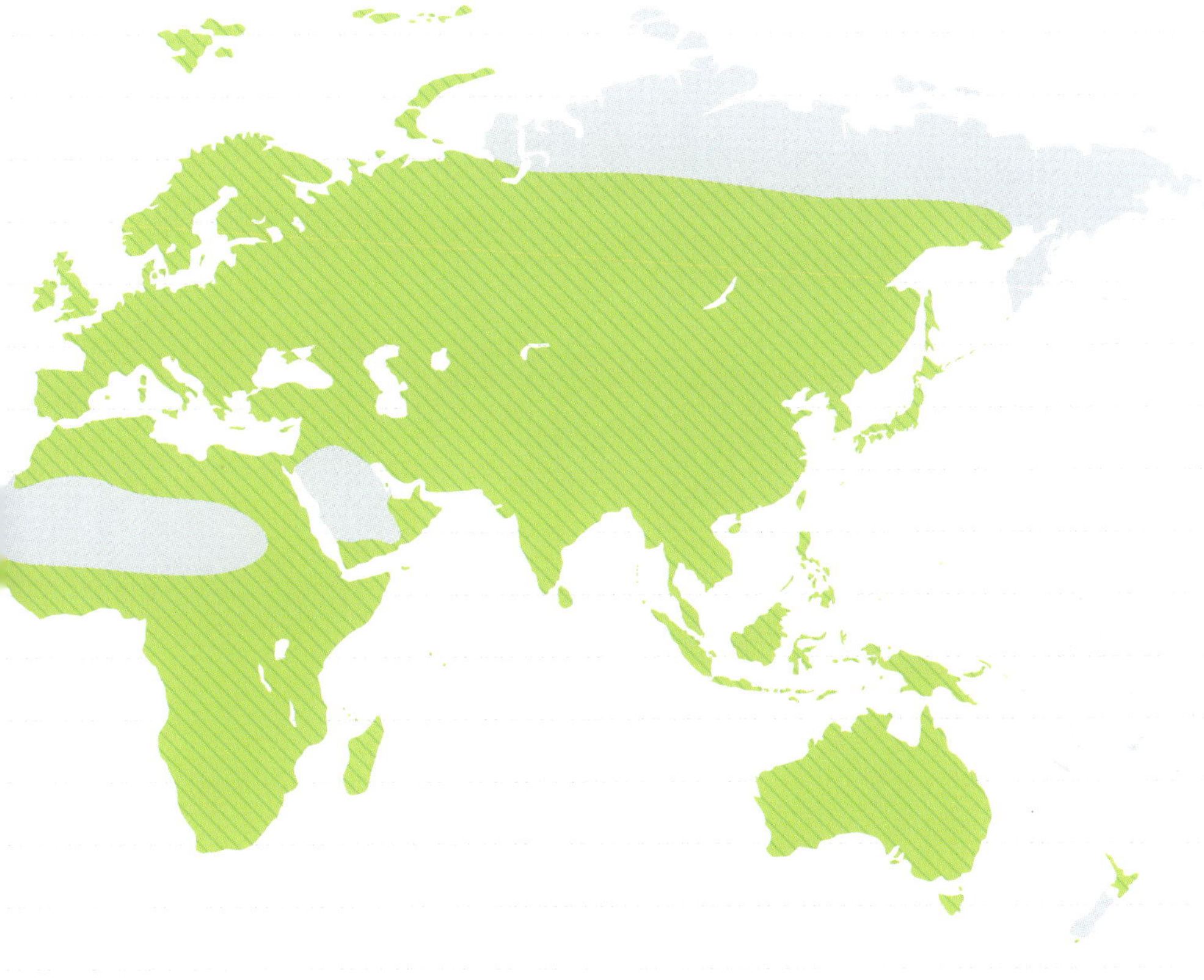

＊図版参照、グリーンの部分が生息地域

小さなカエル　大きなカエル

世界最小のカエルは、２０１２年にパプア・ニューギニアで発見され「Paedophryne amauensis」と名付けられたカエルで体長わずか7.7㎜しかありません。

　反対に最大のカエルは、アフリカの赤道直下の国カメルーンに生息する「ゴライアスガエル」。体長17～32㎝、四肢を含めた長さが80㎝以上、体重３㎏の個体もいます。

　ちなみに、日本最小のカエルは、アマガエルで体長２～４㎝、最大はヒキガエルで18㎝以上の個体もいます。

日本最小のアマガエルは、体長2～4cm。普段は緑色をしていますが、背景の色に合わせて色が変わり保護色となる森の忍者。

カエルの寿命

カエルの寿命は、意外に長くて日本原産の小さなアマガエルでも8年ほど生きます。一番長生きのカエルは、アフリカウシガエルで自然界でも20年以上、飼育下では30年生きた記録もあるほどです。

長生きで知られるイエアマガエルは、20年以上生きた例もあります。

カエルは、両生類

アカメアマガエル。中米の熱帯雨林が原産で「美しい木の妖精」の異名を持つ美しいカエル。

カエルは、ヘビやトカゲなどの爬虫類とは別の両生類と呼ばれるグループに属しています。両生類

両生類の仲間

　両生類は無尾類、有尾類、無足類といったグループに大きく分けられています。無尾類はカエルのことを指し、成体には尾が無く両生類の中では最も広い範囲に分布しています。

　有尾類は、イモリやサンショウウオの仲間で成体になっても尾を持っています。無足類には、その名の通り手足を持たないアシナシイモリなどがいます。

と爬虫類の決定的な違いは、「変態」と水への強い依存度です。ほとんどの両生類は、水中で産卵し幼生期を水中で過ごします。その後、陸上生活に適するようにカラダの特徴を大きく変化させます。これを「変態」といいます。この変態をするのは、セキツイ動物の中では両生類だけです。

　両生類は水への依存度が高く、ヘビやトカゲなど爬虫類が砂漠など乾燥地帯に棲むことができるのに対して、ほとんどの両生類は皮膚が常に湿っていなくてはならず、乾燥しないように常に水辺で生活しています。

カエルのカラダ

ベルツノガエルをモデルにカエルのカラダを見てみよう。カエルのカラダの大きな特徴は、なんといっても飛び出たような大きな目。その他にもいろいろな特徴があります。ひと口にカエルといっても大きさもさまざま。生活スタイルや環境に合わせてカラダのつくりも変わってきます。

目

大きな目は、動く獲物を素早く捕らえることができるためだといわれています。ただし視力はあまり良くありません。

鼻

顔の前に小さな穴が開いているのが鼻です。水面から目と鼻を出して呼吸することもあります。

口

ほとんどのカエルは、生きている虫や小さな生物などを食べる肉食です。ひと口で飲み込めるように大きな口を持っています。

カエルの指には水かきがついているイメージがありますが、すべてのカエルにあるわけではありません。写真のベルツノガエルのように陸で暮らす種類は足も短く水かきもありません。アマガエルのように木の上で暮らすカエルには吸盤がついている種類もいます。すべてのカエルには、前足の指は4本で後ろ足には５本の指がついています。

耳

耳は、いわゆる耳タブは無く、鼓膜がむき出しになっています。

足

モデル／ベルツノガエル

カエルの性別は見分けられるの？

メス カラダが大きくお腹が膨らんでいるのが

カエルのオスとメスを見分けることは、一般の皆さんにはとてもむずかしいことです。オタマジャクシ（幼生）や小さい種類のカエルの場合、外見上の差はほとんどありません。繁殖期以外のときにオスとメスを見分けることは、ほとんど不可能といっていいでしょう。

オスとメスが出会う繁殖期であれば、体形で見分けることがある程度可能です。一般的にカエルはメスの方がカラダが大きく、丸みを帯びています。繁殖期になると卵を抱えたメスのお腹は大きく膨らんでいることがわかります。

オスのカエルは鳴く

カエルのオスは縄張りを持っています。繁殖期に鳴いているカエルはオスのカエルだけです。また、メスの上に乗っかっている小さなカエルは子どもではなくオスのカエルです。カエルのオスはメスの上に乗って、メスの前足の後ろを抱きかかえるようにして交尾します。

この時期、興奮したオスはオスの上に乗って同じような行動を取る場合があります。間違ってオスに乗られたオスは鳴き声を上げて逃れようとします。カエルの習性を利用するとオスの見分けができます。捕まえたカエルの前足の後ろのあたりを指で軽くつまんでみて、嫌がって鳴き声をあげたらオスというわけです。

カエルが大好きな場所

両生類のカエルが好きな環境は、なんといっても水辺や温かく湿った場所です。オタマジャクシのときは水中で暮らすカエルですが、変態して成体になってもそのまま水中で暮らすカエルもいます。逆に陸に上がりほとんど水に入らないカエルもいますが、皮膚は乾燥しないよう湿度が高い場所で暮らします。そのため多くのカエルは、高温多湿な熱帯地域や水辺が多い温帯地方で生息しています。例外的にある程度乾いた砂漠や草原地帯に棲んでいるカエルもいますが、その種類は圧倒的に少ないのです。

ジメジメしたところが大好き♥
つやつや
イエアメガエル

オーストラリア東北部やニューギニア南部に生息し、樹上や陸地で暮らしています。

新鮮な
ナマモノに
限ります
!
パクッ

成体になって3カ月程度、まだ５㎝程度のベルツノガエルも自分の半分ぐらいの金魚を生きたままペロリ。

カエルの大好物

ほとんどのカエルは肉食です。野生のカエルは、生きて動いている昆虫や小動物などを捕まえて食べています。大型のカエルのなかには、ネズミやヘビを食べてしまう種類もいます。

カエルの大きな目は、視力が良くありませんが、動くモノをすばやく見つけるのには適していきます。捕まえた獲物は、確認することもなく、すぐに大きな口に入れてしまいます。ときにはエサ以外のモノを誤って呑み込んでしまう場合もありますが、そんなときにはすばやく吐き出します。

乾燥が苦手

カエルは、呼吸の大部分を皮膚呼吸に頼っているため皮膚が常にある程度湿っていないと生きていくことができません。肺が未発達で、肺呼吸は補助的な役割に過ぎません。南米など比較的乾燥した地域に棲んでいるカエルは、粘度の高い分泌物を出してカラダの乾燥を防いでいます。

身体が
乾かないように
いつも注意！

ベトナムコケガエルの体表は水辺のコケとそっくりでなかなか見つけることができません。

温度の変化に弱い

冬眠の準備に入るアズマヒキガエル

カエルは、外気温に大きく左右される変温動物なので極端に暑かったり、寒かったりと厳しい環境になると土の中などで休眠して過ごします。日本で暮らす多くのカエルも冬眠しますが、アカガエル類やヒキガエル類は、他のカエルがまだ冬眠している1月から3月頃に繁殖行動を行います。

カエルの天敵

カエルは、昆虫などの小動物を食べていますが、より大きなヘビ、鳥類、小動物などのエサとなり、食物連鎖を支えている動物です。そのために、カエルは環境に適した保護色で身を守っています。

カエルの一生

カエルの卵

爬虫類の卵は堅いカラに守られていますが、カエルの卵はブヨブヨしたゼラチン質で覆われており、ほとんどのカエルは水中で産卵しますが、アマガエルなどは池の上に伸びた木の枝に産みます。卵の数は種類によって違いますが、春先に目にすることが多いヒキガエルは2000個~8000個の卵を産みます。しかし、無事に大人まで育つのは3%程度といわれています。

まるでホタルのようなアカメアマガエルの卵。水面の上に垂れ下がる葉に、1回に10~70個のゼラチン質に覆われた卵を産みます。幼生は孵化するとそのまま下の水場へ落ち、そのままそこで育ちます。

オタマジャクシはカエルの子

種類によって違いますが数日から数週間後、卵から孵化した幼生は、オタマジャクシと呼ばれます。大きな頭としっぽというわかりやすい形をしています。オタマジャクシからカエルに変わる変態までの期間は、カエルの種類によって大きく変わってきます。日本に棲むカエルのなかで変態までの時間が長いのは、ウシガエルで1〜2年かかり、途中で越冬します。ヒキガエルは2カ月半ぐらい、最も短いのはニホンアマガエルで1カ月半程度です。

ベトナムコケガエルのオタマジャクシ。

ベトナムコケガエルは体長6〜8cm。その名の通りベトナムの森林内を流れる渓流沿いの中で暮らしており、体の表面にはイボがあり、それがコケのように見える珍しいカエルです。

まず後ろ足、次に前足が生え、尾が短くなる

オタマジャクシは肉食ではなく、川底の藻などを食べて成長します。やがて後ろ足→前足→尾が短く→成体（カエル）という順番で変態します。カエルとなってもすぐに大きくなるわけではなく、体長20cm近い大型のヒキガエルでも、成体になったばかりのときは1cm前後しかありません。なかにはオタマジャクシの方が大きな種類もいます。成体になったカエルは、数年かけて少しずつ大きくなっていくのです。

コラム①

カエルは、環境の変化に弱い生き物

人間の活動とつながっているカエルの生活

カエルは、環境の変化に敏感な生き物です。カエルにとっては水辺と陸地のほどよい近さが非常に重要です。水田による稲作が行なわれてきた日本は、カエルにとってとても住みやすい環境だったといえます。しかし、水田のまわりの用水路がコンクリートで作られるようになり減反により水田が減少するなど、カエルの生息場所がどんどん失われていきました。

水が少ない場所で生きていくことができるヒキガエルは、都会でもときどき見かけることがあるカエルです。しかし、水場が無ければ産卵することができません。公園から池や水場が減少することによって、ヒキガエルの数は減っているというのが現状です。

外来生物の侵入

人間が持ち込み、本来日本にはいなかったブラックバスやブルーギルなどの肉食魚や雑食魚によってオタマジャクシが食べられ、カエルが減少しています。軽い気持ちで外来のペットなどを川に捨てることは、それまで棲んでいた固有種の生活がおびやかされてしまうので、ペットを捨てたり逃がしてしまうことは絶対にやめましょう。

カエルの伝染病

カエルにとって恐ろしい伝染病は、カエルツボカビ症です。カエルツボカビ症は、カエルツボカビとよばれるカビの一種がカエルの体表に寄生・繁殖し、カエルの皮膚呼吸が困難になる病気です。

カエルツボカビ症は伝染力が強く、北米西部・中米・南米・オーストラリア東部で劇的な両生類の減少あるいは絶滅を引き起こしてきたといわれています。日本でもカエルツボカビ症のカエルがときどき見つかっていますが、大きな被害に至ってはいません。食物連鎖の中位に位置するカエルが絶滅すれば、カエルをエサとするヘビなどの爬虫類、ほ乳類、鳥類にも大きな影響を及ぼし、生態系が激変してしまう恐れがあります。

第2章

カエルの基本行動

カエルには泳ぐ、ジャンプする、
歩く、捕食する、隠れる、鳴くなど
といった基本行動があります。
しかし、すべてのカエルが
上手に泳げたりジャンプできる
わけではありません。
カエルは生活する環境によって
得意なこと、苦手なことも
あることを理解しましょう。

泳ぐ

カエルは前足を使わない

ほとんどのカエルは、後ろ足に大きな水かきを持っていて泳ぎが得意です。泳ぐときは、水かきのない前足は使わず後ろ足だけで泳ぎます。日本にいるカエルは、トノサマガエルやダルマガエルなどですが、泳ぐことが得意です。あまり泳ぎが得意そうなイメージがないヒキガエルも意外にじょうずに泳ぎます。しかし、すべてのカエルが泳ぎが得意というわけではなく、アフリカの乾燥地帯にいるアメフクラガエルなど、水に溺れてしまうカエルもいます。

カエルは、前足は使わず後ろ足だけで泳ぎます。写真は泳ぎが得意なアフリカツメガエル。実験用のカエルとしても有名です

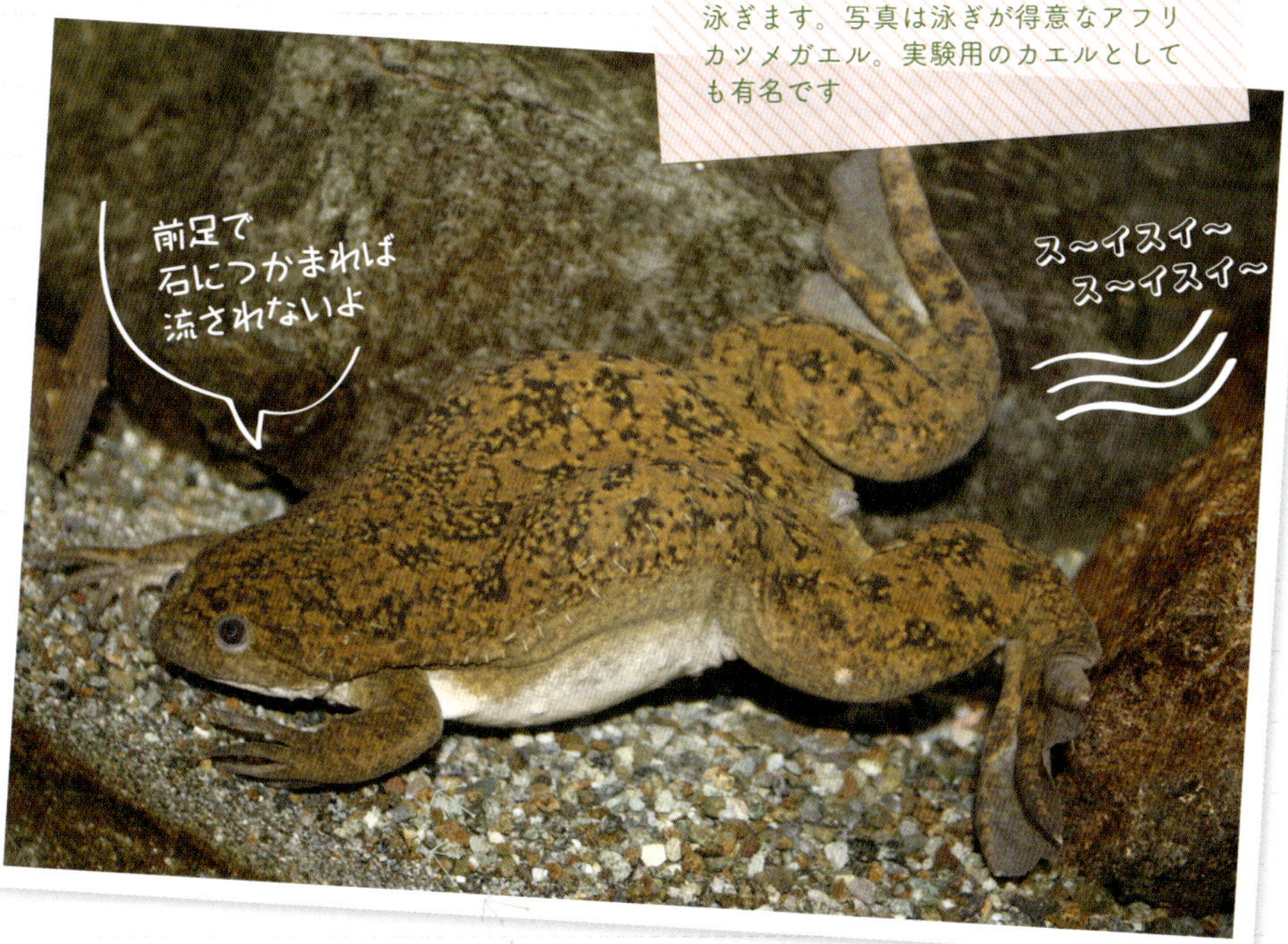

前足で
石につかまれば
流されないよ
ス〜イスイ〜
ス〜イスイ〜

アフリカ南部の乾燥地帯で暮らすアメフクラガエル（体長４～６㎝）。四肢が非常に短くてユーモラスな姿をしており、泳ぎが苦手なカエルの代表格です。

ジャンプする

泳ぐときにも大活躍するカエルの後ろ足は筋肉が非常に発達していて大きなジャンプをすることができます。水辺で暮らすトノサマガエルやアカガエルなどはジャンプが得意なカエルです。カエルがジャンプするのは、獲物に飛びかかるときやヘビなどの天敵から逃げるときに行なうことが多いようです。その際は、とても大きなエネルギーを使うのです。

ほとんどのカエルがジャンプしますが、砂漠や樹の上で暮らすカエルは、ジャンプが苦手なようです。カエルの行動は、住んでいる環境によって大きく変わります。

カエルは天敵から逃げるときや獲物に襲いかかるときにジャンプします。

歩く

カエルがジャンプするのはいわば非常時で、ふだんは歩いて移動しています。泳ぐときの姿とは違いゆっくりとカラダを揺らすようにして歩きます。

葉の上で見つけることが多いアマガエルなどの樹上で暮らすカエルは吸盤状の指で葉の上や木の枝などを移動します。歩くことは非常にエネルギーを使うので、昼の間はじっとしていることが多いのです。

日本の固有種で、本州と佐渡島に分布するモリアオガエル（体長は♂が4～6㎝、♀が5～8㎝と♀の方が大きい）。普段は森林地帯で暮らしていますが、繁殖期には水田などの水辺に集まってきます。葉っぱの上を歩くこともできるし、後ろ足の大きな水かきで泳ぐこともできます。

北米南部から南米の熱帯のジャングルに生息するアイゾメヤドクガエル。体長３㎝前後と小さなヤドクガエルの仲間の内では５㎝前後まで成長する最大級のカエルです。長い四肢を使い木や葉の上を自由に動き回ることができます。カラダは鮮やかな色彩ですが、毒を持っています。ヤドクガエルはその名の通り原住民がその毒を吹き矢の先に塗って狩りをしていたことからついた名前です。ペット用のヤドクガエルは、無毒なので大丈夫。

食べる

ほとんどの野生のカエルは肉食で生きた昆虫や小動物を食べます。獲物が近づくと飛びかかるようにして捕まえたり、土の中に隠れていて近くを通りかかった獲物を瞬時に捕まえてしまいます。カラダに比べて大きな口で、獲物を呑み込むようにして食べます。長い舌は、口に入れた獲物が逃げ出さないように粘着力があります。

大きな目玉の
アカメアマガエル

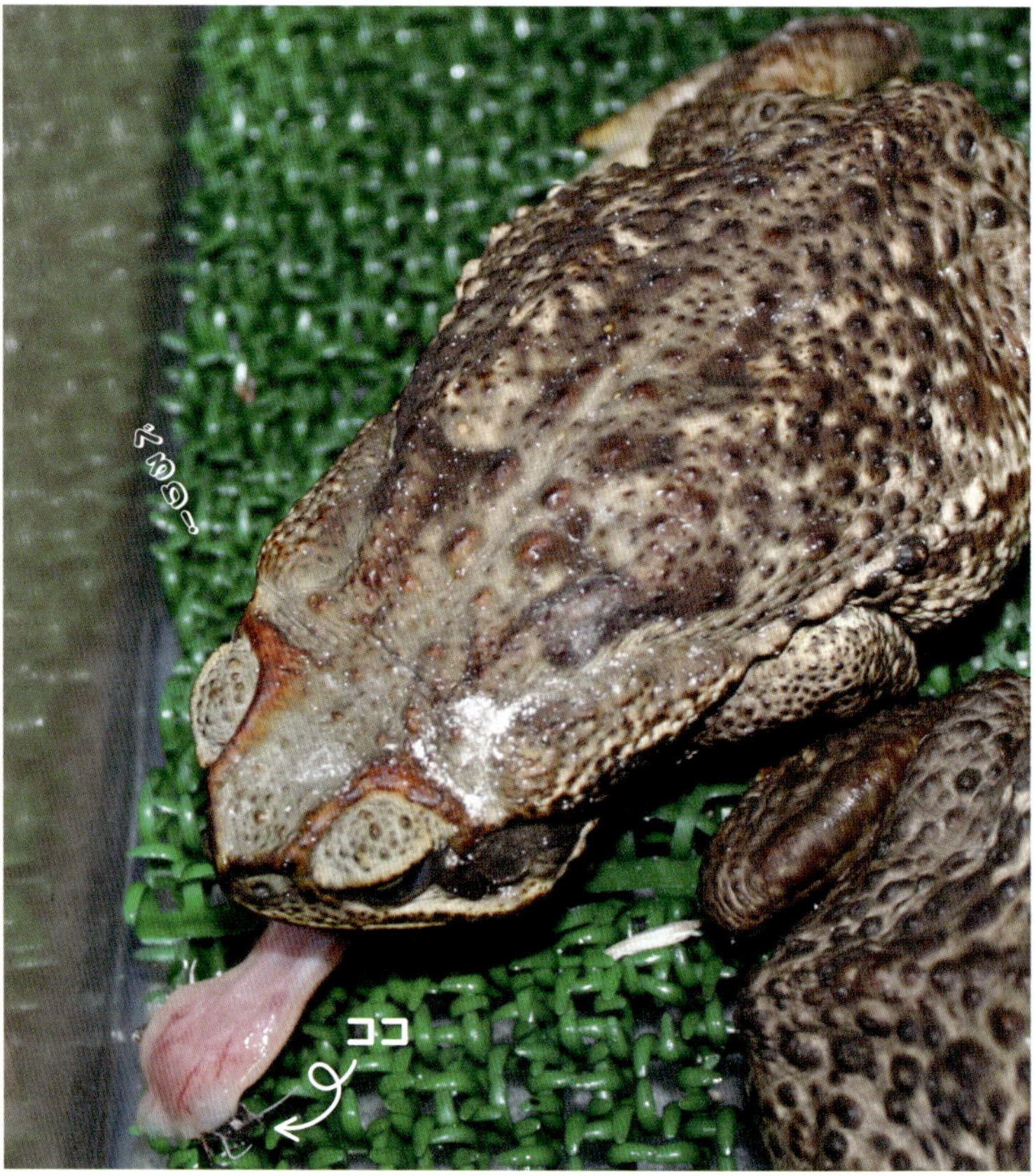

コオロギを長い舌ですばやく絡めるように捕らえるロココヒキガエル。ロココヒキガエルは、南米大陸南部から中部の比較的乾燥した地域に生息しています。ヒキガエルの中でも大型で20cmを越える個体もおり、乾燥に適応した、全身硬い皮膚に覆われています。

大きな目は視力はあまり良くありませんが、動くモノを見つけるのに適していると考えられています。野生のカエルは、毎日エサを食べなくても生きていけるように、昼の間はじっとしていることが多いのです。

枯れ枝や土の中にじっと隠れているベルツノガエル。ベルツノガエルは、敵から身を守るだけではなく、ジッと隠れてエサとなる小動物が近寄ってくるのを待つのです。

隠れる

カエルは、自然界では食物連鎖の中位層に位置する生き物です。つまり、自分より小さな獲物の捕食者と同時に自分より大きな動物に食べられてしまうという危険があります。そのため、天敵に見つからないように生活環境にあわせてカラダの色が保護色となっています。アマガエルなどは、

カメレオンのようにまわりの環境に合わせてカラダの色を変えることができます。
敵に見つからないということは、エサとなる獲物を待ち伏せするときにも適しています。ほとんどのカエルは隠れることが非常に得意です。

葉の陰にジッと隠れているフタイロネコメガエル。南米原産で、最大体長12cmとネコメガエル属内最大種。その名の通りネコのような特徴的な目を持っています。

威《い》嚇《かく》する

インドネシアやマレーシアの森林の落ち葉の堆積した柔らかい土の下に棲むミツヅノコノハガエル（体長7～14cm）。枯れ葉の下でジッと獲物が来るのを待っていますが、敵に出会うと口を目一杯大きくあけて威嚇します。

人が捕まえようとするとカエルは、一目散に逃げ出しますがいつも逃げているわけではありません。ヘビや鳥などの天敵に襲われたときなど絶体絶命の場面では、カラダを大きくふくらませて自分の大きさを誇示して抵抗します。

また、攻撃性が強いツノガエルなどの陸棲のカエルのなかには、カラダの半分もある大きな口をあけて声を出して威嚇することもあります。ツノガエルの仲間は、顎の骨の端に並ぶ歯で

ミツヅノコノハガエルは口の先端と眼の上に突起があり角のように見えるところからついた名前です。そしてコノハガエルの名前の通り上から見ると木の葉のように見えます。

噛みつくこともあります。ペットのベルツノガエルの目の前に指を出すと、噛まれてケガをすることもあるので要注意！

鳴く

カエルのオスは、繁殖期のメスに対するアピールをするために大きな声で鳴きます。じつはカエルは鳴くときに口を閉じて鳴いています。鳴くときはあごの下や両ほほにある「鳴のう」と呼ばれる器官に空気を入れてふくらませて空気を振動させて音を響かせているので鳴き声は遠くまで聞こえるのです。

カエルが鳴くのはメスにアピールするだけではなく、他のオスに対する縄張り宣言の意味も含まれています。カエルの鳴き声を注意深く聞いていると、微妙にトーンが違うことに気がつくはずです。

夏の夜になると、池や田んぼでたくさんの数のカエルが鳴いています

あごの下や両ほほにある鳴のうを大きくふくらませることで小さなカエルでも大きな鳴き声が出せる

が、よく聞くとカエルの声が低いことに気がつくはずです。これは、オスどうしのケンカで相手に勝つために低い声で鳴いていると考えられています。オスのケンカは、暗い中で行なわれるので相手の体をよく見ることができないのです。そこで相手の声で体の大きさを知ります。つまり体が大きいほど、声は低くなるので、カエルはできるだけ低い声を出すというわけです。

コラム②

「カエル」と「かわず」

和歌や俳句で詠まれたカエル

日本にはカエルが生息するのに適した水田が多かったことから、カエルは日本人にとって古来からとても身近な存在でした。そのため、奈良時代の万葉集から江戸時代の俳句にいたるまで、さまざまな句で詠まれてきました。特に松尾芭蕉の「古池や蛙飛びこむ水の音」や小林一茶の「やせ蛙まけるな一茶これにあり」が有名です。

さて、芭蕉の句では「蛙」の読み方はご存じのとおり「カエル」ではなく「かわず」です。この「カエル」と「かわず」、いったいどう違うのでしょうか。

春の季語でもあった「蛙」

古い時代には、「かわず（かはづ）」は主に和歌などで詠む時に使われ、「カエル」のほうは口語として用いられていたようです。また、この時代の「かわず」は特にカジカガエルのことを指し、その鳴き声が美しいことから、好んで詠まれていました。

時代が移り変わるにつれて「かわず」と「カエル」は混同されて同一化され、特に使い分けがされることはなくなり、カエル一般のことを指すようになりました。

また俳句で「蛙」は春の季語となり、芭蕉の句に出てくる「蛙（かわず）」は、トノサマガエルかツチガエルだったのではないかと言われています。

カエルのさまざまな呼び方

また、カエルは全国各地に生息していることから、各地でさまざまな方言で呼ばれています。

北海道から東北地方の広い地域にかけては「びっき」、茨城・千葉では「げえろ」、北陸地方では「ぎゃわず」、熊本では「たんぎゃく」、沖縄では「あたびち、あたびちゃー」などと呼ばれています。あなたの出身地ではどう呼ばれていますか？

第3章

どんなカエルと暮らす?

【飼育予備編】

ペットとして飼いやすいカエル、
つまり一緒に暮らすのに適した
カエルの条件を挙げてみましょう。

1. 環境の変化にもある程度強くてじょうぶ
2. 長くつき合える寿命の長いカエル
3. 飼育の手間が比較的簡単なカエル
4. 他との差別化がしやすく愛着がわく
5. 入手しやすい価格

ということに絞って「新しい家族」の
候補を探してみましょう。

ツノガエル

どんなカエル？

ツノガエルは、あざやかな表皮とカラダの半分近くもある大きな顔で人気のカエルです。ツノガエルには、ベルツノガエルとクランウェルガエル、アマゾンツノガエル、交雑種（ファンタジーツノガエルなどと呼ばれる）などがいます。ツノガエルの中で一番人気があるのは、やはりベルツノガエルです。ベルツノガエルは、陸上で生活する陸棲種。丈夫で10年前後も長生きし、大きさも

ボクが一番人気！

1番人気のベルツノガエル。生後1年以内の個体は、真ん丸で置物のようにカワイイ！

BABY♥

一緒に暮らそうよ！

アプリコット系、グリーン系、ライムグリーン系、ブラウン系など鮮やかなカラーが人気のファンタジーガエル

10～12㎝になる大型のカエルですが、あまり手間がかからないこともありカエル初心者にはピッタリの種類だと思います。

選び方や飼いやすさは？

ショップで3㎝前後のベルツノガエルを選ぶとなると、まるで美しい色彩の置物のようで迷ってしまうことでしょう。

購入に当たっては色彩も重要ですが、一緒に暮らすことを考えたら、なんといっても元気な個体を選ぶことがもっとも大切な基本となります。ショップの店員さんには初めての飼育ということを話して、生後何カ月か、エサは良く食べるかといった基本的なことを確認しておきましょう。質問に対してきちんと答えられない店員さんのいるショップは敬遠した方が無難です。

流通価格は？

人気種のベルツノガエルの価格は、表皮の色や大きさにもよります。濃い茶色にグリーンの筋が入った「ノーマルカラー」で3㎝程度のベビーサイズであれば1万円以下で購入できます。

ベルツノガエルの中でも10㎝以上の〝大物〟になると5万円以上する個体もあります。

モモアカアルキガエル

両足の付け根にある赤い模様と背中の網目模様が特徴のモモアカアルキガエルは、丈夫さも魅力！

どんなカエル？

モモアカアルキガエルは、ケニア沿岸部から、南アフリカに生息しているカエルです。陸棲でその名の通り、背中の編み目模様と足の付け根が赤く、跳ばずに歩くことが得意です。体長6～7㎝、「丈夫なカエル」として人気の高い種類です。昼は、暗い場所でじっとしていますが、夜になると活発に動き回ります。

選び方や飼いやすさは？

モモアカアルキガエルは、丈夫なカエルといっても個体によって大きく違ってくるので、購入に当たっては、元気な個体を選ぶことが基本となります。

ショップの店員さんには初めての飼育ということを話して、成体後何カ月か、エサは良く食べるかといった基本的なことを確認しておきま

しょう。

モモアカアルキガエルは、木の上に上ったり、壁を登ったりと、立体的な動きをするようになるので、ある程度高さのある水槽が必要になります。同じケージでの複数飼育も可能なカエルですが、複数飼育の場合は、共食いしないように注意が必要になります。

流通価格は？

飼いやすさと丈夫さから人気のモモアカアルキガエルは、容易に購入できます。流通価格は3000円～が目安になります。

イエアメガエル

歳を取るとカワイイ!?

イエアメガエルは、まさに大型のアマガエルでカワイイ顔をしていますが、目の前で動くモノには何でも飛びついて補食してしまう食いしん坊です。

どんなカエル？

イエアメガエルは、ニューギニアやオーストラリアなどの草原や森林などが原産。10㎝前後になる大型のカエルですが、日本にもいるアマガエル科の仲間です。本来の色は黄緑色ですが、背景によって緑色から薄い褐色まで自由に変えることができます。アマガエルと同じように樹上や地表で暮らしています。古くからペットとして人気があり、1890年代のイギリスではすでに飼われていたそうです。10年以上長生きします。

選び方や飼いやすさは？

購入に当たっては、なんといっても元気な個体を選ぶことが基本となります。カエル全般に共通しますが飼育のポイントとしては、温度と湿度に注意が必要になります。カワイイ顔をしているイエアメガエルですが、どん欲で食欲も旺盛です。大きく成長すると昆虫類はもちろん、小型のカエルからネズミまで何でも食べます。歳を取るほどカワイさが増していきます。

流通価格は？

丈夫で長生きし、歳を取った個体ほど表情がカワイイと評判のイエアメガエル。流通価格は、ニホンアマガエルにも似たベビーの個体で5000円～が目安になります。

バジェットガエル

どんなカエル?

南米原産のバジェットガエル（別名／マルメタピオカガエル）は、上目づかいのように見えるコミカルな表情が人気のカエルです。水棲の大型種で10㎝以上になりますが、オスはメスの半分くらいの大きさにしかなりません。カエルには珍しく上アゴには歯が、下アゴの中央付近にも2本の牙があり、外敵に襲われると体を膨らませて威嚇し噛みつくこともあります。天を向いたようについている目だけを水中や泥中から出し、獲物が近づくと大きな口を開けて呑み込んでしまいます。

水は毎日換えて！

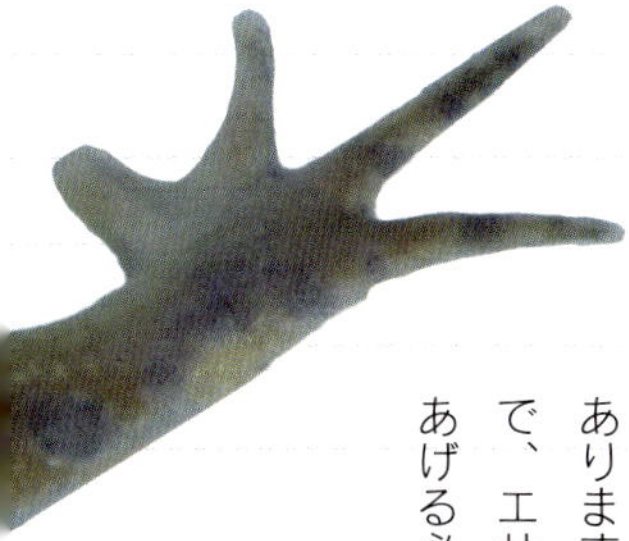

選び方や飼いやすさは?

バジェットガエルは、水棲でほとんど水から出ることがないので、飼育する場合も陸地は特に必要ありません。通常、プラケースなどに前足を伸ばして顔が水面に出るくらい水を張るだけで飼育します。健康を保つために水換えは毎日行なう必要があります。食欲が旺盛なカエルなので、エサ用の魚や肉、昆虫など毎日あげる必要があります。

流通価格は？

オタマジャクシでも購入できますが、初めて飼育する場合はやはりベビー成体の方が安心です。流通価格は、5000円～が目安になります。

コミカルな表情が魅力のバジェットガエルだが、噛みつかれるとケガをすることもあるので、エサをあげるときは注意が必要です。

ペットに向いているカエルは、まだまだいます！

こんなカエルとも暮らせるよ

ニホンアマガエル

田んぼのそばの草の葉っぱや人家の近くの湿った場所で見かけることも多いニホンアマガエル。体長は2~4.5㎝ほどで、背中の部分は黄緑色、鼻筋から目、耳にかけて褐色の太い帯が通っているかわいいカエル。すべての指先に丸い吸盤がありガラス窓に張り付いている姿を見かけたことがあるかも。比較的丈夫なカエルなので飼いやすいカエルです。ただし、体表から弱い毒を分泌しているので、触った後は必ず手を洗うようにしましょう。ペットショップでも500円以下で流通しています。

ニホンアマガエルに触った手で傷口や目をこすったりすると激痛が走ることもあります。

里山の人気者

アカメアマガエル

中南米原産のアカメアマガエルは、その名の通り大きな赤い目、カラダの大部分は鮮やかなグリーンで4本の足の付け根は鮮やかなブルー、そして指先はオレンジ色という美しいカエル。アマガエルの一種なので指には吸盤があり樹上で暮らしている。ペットとして人気が高く、流通価格は1万円〜。

美しい姿からついた学名は「美しい木の妖精」。鮮やかな外見だが、ジャングルの中では逆に目立たない

アジアジムグリガエル

東南アジアから南アジアにかけて広い範囲に分布しているカエル。森林の水辺の湿った場所に棲んでいる陸棲でまん丸いカラダに長い指が特徴のアジアジムグリガエル。体長6㎝ほどで、乾燥した環境に強く丈夫で飼いやすいが、牛のような大きな声で鳴くこともあります。流通価格は、3000円〜

カラダの側面に明褐色の筋模様があり、土の中に隠れているための保護色となります。

コラム③

カエルの故事・ことわざ

日本には、カエルにちなんだ故事やことわざがあります。あなたはいくつ知っていますか。

蛙鳴蝉噪（あめいせんそう）

やかましく騒ぎ立てること。くだらない議論や下手な文章のたとえ。

井の中の蛙大海を知らず（いのなかのかわずたいかいをしらず）

知識、見聞が狭いことのたとえ。また、それにとらわれて広い世界があることに気づかず、得意になっている人のこと。

蛙の子は蛙（かえるのこはかえる）

子の性質や能力は親に似るものだというたとえ。また、凡人の子は凡人にしかならないということ。

蛙の面に水（かえるのつらにみず）

どんな目にあわされてもいっこうに気にせず、平気でいることのたとえ。図々しい、ふてぶてしい人に対して、皮肉をこめて言うことが多い。

蛇が蛙を呑んだよう（へびがかえるをのんだよう）

細長い物の途中がふくれあがって、格好が悪いことのたとえ。

蛇に睨まれた蛙（へびににらまれたかえる）

非常に恐ろしいもの、苦手なものの前で、身がすくんでしまい動けなくなるようすのたとえ。

蛇に見込まれた蛙（へびにみこまれたかえる）

恐ろしいものや苦手なものを前にして、身がすくんで動けなくなることのたとえ。「見込む」は、執念深くとりつく意味。

カエルが出てくることわざや故事には、ちょっとカエルには気の毒な感じがしないでもありませんね。でも、カエルは昔から日本人とって身近な生き物だった証拠でもあるようです。

12～13世紀に制作された有名な「鳥獣人物戯画」（高山寺所蔵）には、ウサギやサルとともに擬人化されたカエルの姿が生き生きと描かれています。

第4章

ベルツノガエルと暮らしたい

【飼育実践編】

大きな口の2頭身、
ピエロのような派手な
表皮を身にまとった
人気ナンバー 1のカエルといえば、
やっぱりベルツノガエルしかいない！
新しい家族となるベルツノガエルと
一緒に暮らすために必要なこと。

上からみると
まんまる！で
かわいい

ベルツノガエルと暮らす10の理由

1

体の半分が顔！
とにかくユーモラスな
顔に癒される

2

10年以上
長生きするので
親しみがわく

3

個体色の差が大きく、
人とは違う
所有感が持てる

4

エサは
10日に1回！
飼育が楽

人見知り
しないよ

5

手に乗せても
逃げない

7
1匹でも
寂しがらない

清潔好き
なのだ

6
手に乗せても
臭わない

8
手からエサを
食べてくれる

9
夜帰ってきても
起きていてくれる

昼夜でも
いつOKさ

10
価格が比較的
安く手に入れやすい
（3㎝程度のベビー成体で3,000円～）

ベルツノガエルの
可愛さに
胸きゅん！

「あわしまマリンパーク」の両生類担当／鈴木あづきさんもベルツノガエル押し！

丈夫な個体の選び方と予算

まずはベビーサイズから

初めてベルツノガエルを飼うなら、やはりベビーサイズから始めるのがオススメ。色合い鮮やかな丸っこい体にクリクリした目、小さい体の割に大きな口が、思わず抱きしめたくなるほどキュート。小さい頃はエサの食いつきもよく、グングンと成長していくので、育てる楽しみもあります。そして、徐々に大きくなっていくうちに愛着もわいていきます。

お値段も、体の大きさが3㎝前後の500円玉サイズで3000～8000円とお手頃です。

購入時に健康状態をチェック

購入時に気をつけなければならないのは、個体の健康状態です。

ベルツノガエルは普段はじっとしていることがほとんどなので、元気に動きまわる姿で判断することはできません。体全体をくまなく見て判断する必要があります。

皮膚にしっとりした質感があり、少しザラザラしたように見えるのが健康な証拠。変にツヤツヤしていたり、逆に皮膚に張りがないものは病気にかかっている可能性もあります。

また目も重要で、生き生きとした目をしていれば健康な証拠です。

良心的なお店は状態のよくない個体を販売することはないので、そういったお店で購入するのがいいでしょう。

疑問点は店員さんに質問を

どの個体を飼うかは、やはり最初はお店に足を運んで、自分の目で見て選ぶのが一番。ベルツノガエルは人気の品種なので、まずは在庫があるかお店に確認してから行きましょう。

わからないことがあったら、店員さんにどんどん聞いていきましょう。店員さんもカエル好きなので、きっと詳しく教えてくれるはずです。第5章「白輪園長オススメ！優良「カエル」ショップ／パーク」（P79～）でお薦めのショップをご紹介しているので、そちらもご参考に。

カエルのお家を作ろう

飼育に必要なケースは？

ベルツノガエルを
購入する際に
ケースも一緒に
買いましょう
これくらいの
スペースで
十分に快適！

ベルツノガエルの飼育には、透明なプラスチックケースを用いるのが一般的です。金魚を飼うようなガラスの水槽でももちろんいいのですが、まめに水の交換や掃除をする必要があることを考えると、プラスチックのほうが取り扱いが容易です。

また大きさも、ベルツノガエルは空間認識力がほとんどなく、普段もじっとしていることが多いので、それほど大きなケースは不要。大きくなってからでも20㎝四方ていどの広さがあれば十分です。

快適な住環境にするには？

ベルツノガエルは足に吸盤がついていないので、ツルツルなところが苦手。必ずケースの底には滑らないものを敷いてあげる必要があります。一番取り扱いやすいのはウールマット。これをケース全体に敷き、マットがひたひたになる程度に水を入れればＯＫ（水の入れすぎもかえってよくない）。これだけでベルツノガエルにとって十分に快適な住環境になります。また、ヤシガラや専用のソイル（ペット用敷き土）を使うのも一つの方法です。ベルツノガエルは土に潜り込んだ状態でいるのが好きなので、体半分が潜り込めるくらい深めに敷いてあげましょう。この時、ヤシガラやソイルは十分に水を含ませましょう。定期的な霧吹きも必要です。ベルツノガエルは乾燥したところが苦手なのです。

白いので汚れもすぐに分かって便利なウールマット

カエル専用のソイル。ショップで手に入ります

もっと綺麗に飾りたいなら

プラスチックケースで飼うのは味気ないなという場合は、熱帯魚のアクアリウムのように、土や流木、観葉植物などを使ったテラリウムにする方法もあります。これならお部屋のインテリアとしてもピッタリです。ただし、ベルツノガエルが土に潜り込む時にせっかくのレイアウトを崩してしまうこともあります。

また、土の水分管理や掃除をするのが大変になるので、テラリウムは飼育にある程度慣れてからにしたほうがいいでしょう。

カエルだって居心地のいい所で暮らしたい

どんな環境が快適なの

ベルツノガエルの原産地は南米。いくら日本でブリーディング（飼育や繁殖）されたとはいえ、やはり原産地に近い生活環境のほうが、ベルツノガエルにとっては快適といえます。

ケース内の温度は22～28度が適温。プラスチックケースの内部に吸盤で貼り付けておける小さな温度計がショップで手に入るので、それを付けておくと、ケース内の温度がひと目でわかります。また前項でも説明したとおり、湿度も高く保つ必要があります。気をつけなければならないのは設置場所。直射日光の当たる場所には決して置かないようにしてください。また、窓際や外との出入口の近くなど、温度変化の激しいところも避けたほうがいいです。

夏場の温度管理は？

いくら温度設定は高めのほうがいいといっても、夏場に30度以上の温度が続くとバテてしまいます。なる

ケース内部が暑くなりすぎないように、ケースの半分側だけ暖めるのもよい
ピタリ適温プラス
多重安全装置付

べく風通しのいい涼しい場所、または床に近い場所にケースを置いておきましょう。

真夏の外出時には、クーラーをかけたままにして出かけるというのも一つの方法ですが、逆にクーラーが効きすぎてしまっても体調を崩してしまうので、温度設定には注意が必要です。

冬場の温度管理は？

冬場の温度管理も必要ですが、それほど神経質になる必要もありません。1日のうちに10度くらいの室温になることがあっても耐えることはできます。

それでも気になる場合は、専用のプレートヒーターをケースの下に設置するといいでしょう。これにより、ケース内の温度を高めにしておくことができます。ただし、暖め過ぎには注意が必要です。

また、温度を上げると内部が乾燥しやすくなるので、水分管理にも気をつけましょう。かといってケースを密封してしまうと内部の空気が淀んでしまうので、空気の循環にも気を配り、小まめに水分管理をしましょう。

パタ
パタ
あっつ〜

ベルツノガエルのお世話

水の交換は頻繁に

ベルツノガエルのお世話は意外に簡単。小まめにケース内の水を交換し、下に敷いてある床材を頻繁に洗ってあげることくらいです。

まずは毎朝、水槽の中が汚れていないかをチェック。ベルツノガエルはお腹から水分を吸収するので、フンや尿で水が汚れていると、それを体内に吸収してしまい、自家中毒により病気になったり、最悪の場合は死んでしまいます。

エサを食べてからしばらくするとフンをします。まだベビーのころは頻繁にエサを与えるので、フンをする回数も多く、週に2～3回します。また気温が高いと新陳代謝が活発になるので、排泄の回数も多くなります。フンは黒くて細長い形をしていますが、人工飼料を与えている場合は、柔らかいフンになることが多いようです。

マットの掃除も必要

またベルツノガエルは意外に大量の尿を排泄します。なので、もしできることなら毎日、汚れが目立たなくても最低3日に1回は水換えをしてあげましょう。

水は基本的に水道水をそのまま使っても大きな問題はありませんが、できることなら日光に半日以上当ててカルキ抜きをしたほうがいいでしょう。もしその時間がない場合は、カルキを抜く中和剤を使うのもいいでしょう。

また、水を交換するだけでなく、下に敷くウールマットも汚れてきたら手洗いする必要があります。目安は3日～1週間に1度、古くなってきたら新しいものに交換。

そろそろマットを
交換して
ほしいなあ〜

外出で世話ができない時は

旅行などで家を空けるため数日は水を交換できない場合は、前もってエサやりを控えて体内のフンを出しきってしまったり、ケースの中に入れる水の量を増やして、汚れを薄める方法もあります。この場合、大きなケースに移したり、下に敷くウールマットを2倍の厚さにして敷いたりしてください。

こまめにフンも取り除いてあげましょう

お掃除ごくろうさん〜

ベルツノガエルのごはん

どんなエサを食べるの？

ベルツノガエルは基本的に肉食です。自然の中では周囲にいる昆虫や魚、ネズミなど、生きているものなら何でも食べてしまいます。

飼育する場合も、できることならいろいろな種類のエサをあげると、成長のスピードも早く、健康に育ってくれます。水を入れて練るだけでOKの人工飼料をメインにして、ときどき金魚やコオロギ、エサ用の冷凍マウスなどをあげるといいでしょう。

おっ、ご馳走だ！
金魚をピンセットでつまんで、目の前に近づけます
いただきまーす
パクッ！
はぁ～美味い
モグモグ

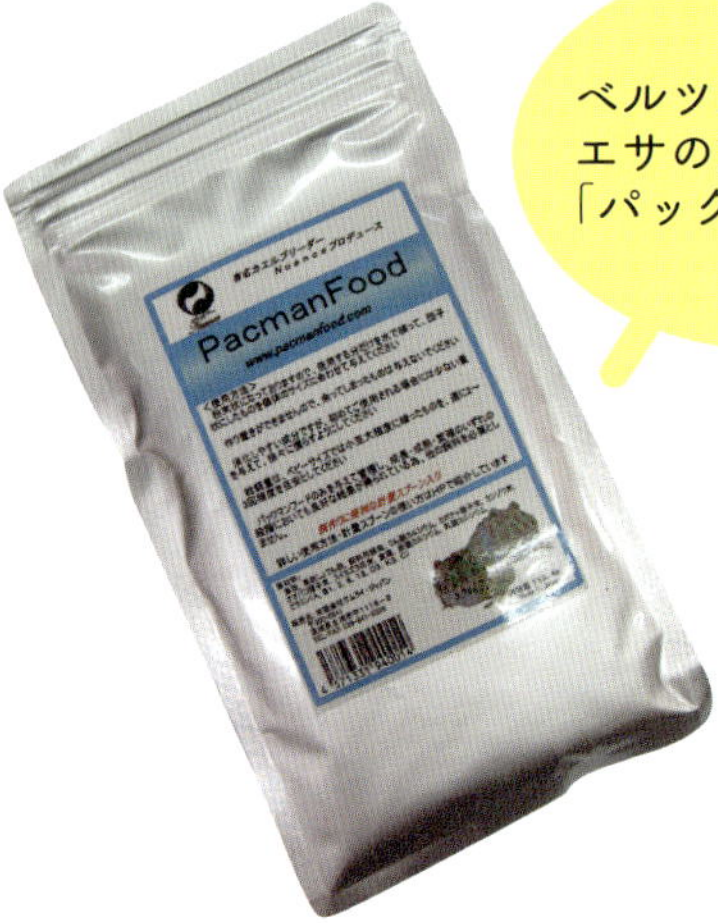
PacmanFood

ベルツノガエル用
エサの定番
「パックマンフード」

もし生き物をエサにして食べさせるのが怖い、可哀想に思えてできないという人でも大丈夫。人工飼料だけでも十分大きく健康に育ちます。これらのエサは専門のショップで買うことができます。

エサは何回あげればいい？

エサは長いピンセットやお箸でつまみ、目の前に差し出して軽く左右に動かします。ベルツノガエルは目の前で動くものならなんでもエサとして認識するので、食欲がある時にはすぐにパクっと食いついてくれます。

エサをあげる頻度は、ベビーサイズの時には一口で食べられる大きさのものを2～3日に1回、5㎝以上になったら1～2週に1回。成長するにしたがって回数を減らしていき、1年以上たった成体なら1週間～1か月に1回でも十分です。

HERP CRAFT
ALL HAND MADE
竹製ピンセット

木製のピンセットなら、
カエルが間違って
噛みついてしまっても
怪我をしません

いつも同じエサ
でも平気だよ

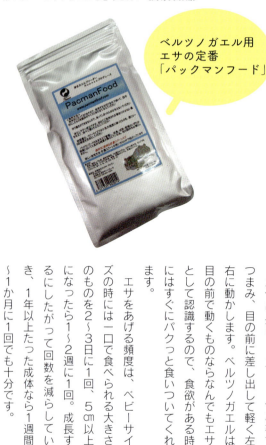

ベルツノガエルと触れ合う

カエルには熱いスキンシップ

カエルは外部の温度によって体温が変化する変温動物。手で皮膚を触るとひんやり感じるのはそのためです。逆にいえば、カエルにとって人間の体温は熱いくらい。なので、ベルツノガエルは人間とのスキンシップは苦手なのです。

とはいえ、せっかく飼っているのだから、たまには触れ合いたくなるもの。その場合は、触れている時間はなるべく短く済ませてあげたほうが、カエルにしてみたらありがたい

のです。

素早く後ろからつかむ

また、水の入れ替えやケースの掃除などでベルツノガエルを別の容器に入れ替えることもよくあります。その際、体を手でつかむには少しコツが要ります。体の後ろから手を出し、口の両端の前足の付け根あたりを指先でつまむのです。素早くやらないと逃げられたり、抵抗されてうまくつかめなかったりします。馴れるまでに少し練習が必要かもしれません。

後ろから素早く指でつかむ
わっ、捕まった！

うっかり噛まれることも

また、つかむ際にうっかり口の前に指を出してしまうと、エサと間違えられたり、抵抗されて指をパクッと噛まれてしまうこともあります。

ベルツノガエルには下顎に小さな牙が1本と上下にヤスリ状の歯があります。ベビーサイズのうちは噛まれてもほとんど痛くなく、ひどくてもほんのすこしの出血で済みますが、成長した個体ではかなり痛く、かなり出血することも。飼育に慣れた人でもときおり噛まれるそうなので、痛い思いをしたくなければ注意が必要です。

エサだ！

ベルツノガエルのタブー集

ベルツノガエルを飼ううえでの注意すべきタブーをまとめておきましょう。

フタをするのを忘れる

まずは飼育ケースを直射日光の当たる場所に置かないこと。日陰に逃げることもできず、暑すぎてすぐに死んでしまいます。

　飼育ケース関連では、ケースには必ずフタをすることも挙げられます。というのも、ベルツノガエルは一日中ほとんどじっとしていますが、そこはやはりカエルはカエル。たまに大きくジャンプすることも。そのときにフタがしっかり閉まっていないと、外に逃げ出してしまうことも。

　すぐに見つかれば問題ありませんが、いつまでも気づかないでいると、見つけたときには部屋の隅っこで死んでいたなんていうこともありえます。注意しましょう。

フタを閉めるときは
パチンと音が
するまでしっかりと

一つのケースに複数匹で飼う

また、一人（1匹？）ぼっちでは寂しいのではないかと、一つの飼育ケースの中に2匹入れて飼うのは、よほど大きなケースでないかぎり、やめておきましょう。

ベルツノガエルは目の前で動くものはすべてエサと認識してしまうので、どちらかが食べられてしまったり、傷ついてしまうこともあります。特にベビーサイズのころは食欲旺盛なので共食いしてしまう可能性が高いのです。

一匹でも
寂しくなんかないぜ。
孤独を愛する
男なのだ

エサを素手であげる

エサをあげるときには、なるべく長いピンセットなどを使いましょう。エサを手で持ってあげても問題はないのですが、一緒に指まで噛み付かれてしまう可能性も。ベビーサイズのうちは笑い話で済ませられますが、大きな個体になると怪我をしてしまいます。

エサは必ず
ピンセットで。
人工飼料はカエルの口の
大きさに合わせて
作ってあげる

健康チェックと病気

ベルツノガエルは丈夫で飼育が容易とはいえ、生き物なので毎日観察をして異変がないか注意してあげる必要があります。早めに気づいて対処すれば、すぐ健康に戻る可能性も高くなります。

いつもの食欲はある？

いつものペースでエサをあげているのに食いつきが悪い、まったく食べないという場合は、病気にかかっている可能性があります。

まずはケース内の温度や湿度、水の衛生度に問題がないかをチェック。外的環境に問題がないようでしたら、金魚やコオロギなど、いつもとは違うエサを与えてみる方法もあります。

それでも食べてくれない場合は、ショップに相談するか、専門の獣医師に診てもらいましょう。

快食快便？フンの状態は？

排泄の回数やフンの状態も、健康かどうかが判断できるバロメーターになります。エサを食べたあとに吐きだしたりしていないか、食べたあとにちゃんとフンをするか、いつものように黒くて細長い形をしているかなどをきちんとチェックしましょう。

特に問題なのは、いつものようにフンをしないこと。消化不良や腸閉塞になっている可能性があります。いつまでたってもフンをしない場合は、専門の獣医師に診てもらいましょう。

最近お通じがあんまりよくないの……

お肌の様子はいかが？

皮膚に張りがない、皮膚が妙にツヤツヤしているなど、いつもと違った様子になったら、体調を崩している証拠です。

ただし、飼育ケースの中が乾燥していると、ベルツノガエルは乾季だと勘違いして体全体に乾燥した膜を張り、休眠状態に入ろうとします。これはコクーン（繭）といって正常な状態ですが、普通は休眠させる必要はありません。管理不足でケース内が乾燥しているということなので、湿度管理をしっかりする必要があります。

なんか最近、お肌の状態が悪いみたい……

ベルツノガエルの結婚と繁殖

繁殖をさせるためには

ベルツノガエルを自分の手で繁殖させたいと思う人もいることでしょう。また、生き物にとって繁殖は自然な行為です。

ベルツノガエルは生後1年〜1年半でアダルトサイズに成長し、年齢的には繁殖可能になります。ただし、その前に一度、休眠させる必要があります。

休眠させるためには環境を徐々に乾燥させていきます。するとカエルは体の周りに繭を作りだし、休眠状態に入るので、そのまま1〜2か月休眠させておきます。

飼育ケースに水を入れて休眠から覚めたら準備OK。オスが鳴き始めたら、メスと一緒にします。しばらくするとオスが後ろからメスを抱きかかえるようにして乗っかり、抱接が始まります。卵は1回で200〜1000個生まれます。

卵からオタマジャクシに

卵からオタマジャクシにかえるのに1〜2日、それから変態してカエルの姿になるまでは約1か月と、驚くべき速さで成長していきます。その間は毎日エサを与え続ける必要があります。エサには人工飼料や冷凍の赤虫を使います。

途中で死んでしまうもの、共食いされてしまうものが多くでてきますが、この時点では、性別はもちろん、どんな色や模様になるのかもわかりません。そのうちに後ろ足、前足が出てきて、徐々にベルツノガエルらしい顔つきや色合いになっていきます。そしてオタマジャクシのときに生えていた歯が抜け、上陸を開始します。

よく考えてから繁殖を

卵だけでも数百個生まれるので、それがカエルにまで育つ個体は相当な数になります。繁殖させることはベルツノガエルを飼育している人にとって憧れですが、生まれた大量のカエルをどうするかという問題が出てきます。

ショップやブリーダーなどに引き取りをお願いできない場合は、安易に繁殖に挑戦しないほうがいいでしょう。

ベルツノガエル七変化

ベルツノガエルにはさまざまな模様とカラーバリエーションがあります。そのためコレクション性の高い品種でもあります。

色は緑を基調に赤がスポット的に入っているものがスタンダードで、それ以外にも赤っぽい個体、やや黄色が目立つ個体、緑と黒のスイカのような色、ほぼ茶色のワイルドカラーなど千差万別です。

色が鮮やかで、自然界にいたら目立ってしまいそうですが、もともとは南米の高原地帯にある草原の水辺に生息しており、そういった環境のなかではかえってこういった色のほうが目立たないのです。

Standard

Green

Green

Green

Green

Red

ベルツノガエルの仲間たち

ベルツノガエルには、同じツノガエル科ツノガエル属に属する7種類の仲間がいます。そのなかでもアマゾンツノガエルとクランウェルツノガエルは、ペットとして人気の品種です。

アマゾンツノガエル

アマゾンツノガエルはその名のとおりアマゾン原産。ワイルドな顔立ちで、目の上のツノが特に目立っているのが特徴。色は枯れ葉色の「ブラウン」や全体が緑色の「フルグリーン」、両方のカラーが混ざっている個体もいます。

アマゾンツノガエルは気難しく、なかなかエサを食べてくれないので、初心者には飼育が難しい品種です。他のツノガエルに比べて、エサには魚類かカエルを好んで食べる傾向があります。

以前はほとんどが野生個体でしたが、最近ではブリーディングされたものが多く出回るようになり、以前よりは飼いやすいようになっています。

アマゾンツノガエル

クランウェルツノガエル

クランウェルツノガエルは、ベルツノガエルと同様、流通されている個体のほとんどが国内でブリーディングされたものなので、飼いやすくなっています。

ベルツノガエルと見た目は似ていますが、顔が少しシャープな感じで、背中中央にある斑紋がベルツノのものより大きいのが特徴です。

また、ツノガエルの品種改良をするための交配用として用いられることが多い品種でもあります。

ファンタジーツノガエル

アマゾンツノガエルとクランウェルツノガエルを交配させて作られた品種（交雑種）です。クランウェルを交配させたことによりアマゾンの気難しさがなくなり、飼育しやすくなりました。またアマゾンの風格を持ちながらもカラーバリエーションも豊富で、初心者にも人気があります。

専門店でも多くの種類をそろえているので、選びやすいという利点もあります。

コラム④

ベルツノガエルが好む生き餌たち

ベルツノガエルは肉食性で、なんでも食べます。ふだんは人工飼料だけで十分ですが、エサの食いつきが悪いときに生き餌を与えると、食欲を示すことがあります。

金魚

ベルツノガエルに与える生き餌で一番ポピュラーなのが金魚。ペットショップなどで売っている小型の金魚を買ってきて食べさせたり、まとめて数匹買ってきて水槽で飼っておき、必要なときに与えるのもいいでしょう。

コオロギ

爬虫類・両生類専門のペットショップで手に入ります。ただ、コオロギを生きたままケースに放って食べさせようとすると、カエルのほうが怖がったり、逆にコオロギにかじられたりするので、ピンセットで与えましょう。

冷凍マウス

厳密に言うと〝生き餌〟ではありませんが、栄養価が高い餌です。やはり爬虫類・両生類専門のペットショップで手に入ります。ただし消化があまりよくないので、あげすぎには注意が必要です。

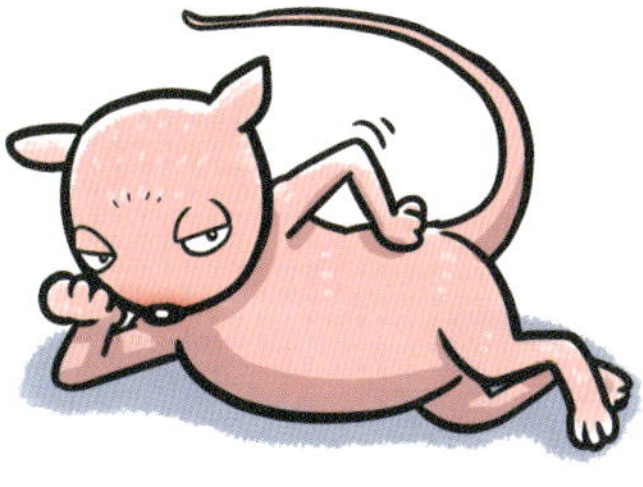

コラム ⑤

専門家でも難しい!? オス・メスの見分け方

カエルは一般的にオタマジャクシの状態ではオス・メスの判別ができません。ツノガエルの場合、生後半年以上たつとオスは鳴き始めるので、それで判別ができるようになります。外見的には、成長したオスはメスより一回り小さいというのも挙げられます。

　また、ツノガエルは成熟して繁殖期になると、受精のためにオスが後ろからメスを抱きかかえるようにして乗っかる抱接をします。そのため、オスはメスをしっかり抱きかかえられるように、前足の指に「抱きダコ」と呼ばれるタコができます。メスにはこの抱きダコがありません。

　ただ、この抱きダコがあるようなないような、はっきりとしていない個体もあり、この場合はブリーディングの専門家でも判別が難しいようです。

　いずれにしても、生まれてまだ数か月のベビーサイズの場合、購入したときにはオス・メスのどちらか判別できません。鳴かないメスを飼いたいと思っても、選ぶことができないのです。

　オスであれメスであれ生き物ですので、好き嫌いせず愛情を持って飼ってあげることが大切です。

オス

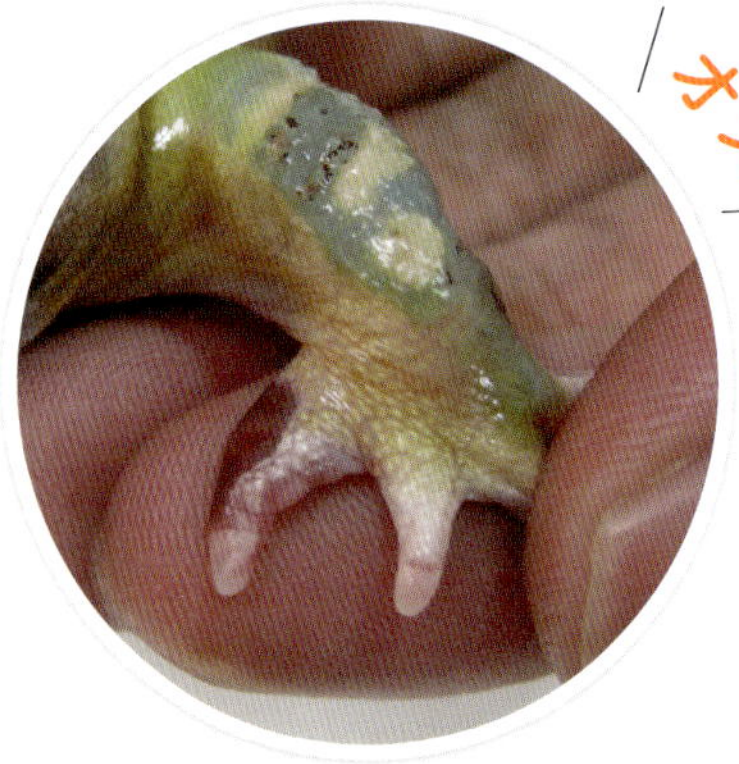

こちらはオス。人間の手でいえば親指部分の外側に黒っぽい色の抱きダコが

メス

こちらはメス。女性らしくすっきりときれいな指先

コラム⑥ ベルツノガエル飼育のコツのコツ

本書の監修を務めるｉＺｏｏの白輪園長にベルツノガエルと末永く暮らすコツを教えてもらいました。

コツ❶ 水換えはこまめに

カエルは、カラダからアンモニアを出しています。そこで水棲のカエルやベルツノガエルを水槽で飼育する場合は、水をこまめに換えて上げる必要があります。オタマジャクシから成体になって1年ぐらいは毎日替えてあげるようにしてください。水槽を見て糞をしているようなら、すぐに水を換えてあげましょう。水をきれいに保つことはカエルの飼育の基本です。

コツ❷ 乾燥気味に保つ

ベルツノガエルは、南米のアルゼンチンやウルグアイなどの乾燥した草原地帯に棲んでいるカエルです。そこで、自然に近い状態で飼育する場合は、水槽にベルツノガエルが潜り込めるぐらいの陸地を作ります。この陸地は、軽く湿った状態にしてここに上がった時は、カエルの表面が〝やや乾いた状態〟を保てるようにします。この状態を保つことでベルツノガエルの皮膚も丈夫になります。

コツ❸ 単体飼育が基本

ベルツノガエルは、非常に食欲が旺盛で自分と同じぐらいの大きさのものでも、目の前に来たものは何でも食べてしまいます。たとえ、同じ種類のカエルであっても「共食い」をしてしまう可能性があるので、一つの水槽に一匹ずつ飼う単体飼育が基本です。

第5章

白輪園長オススメ！ 優良「カエル」ショップ＆パーク

一緒に暮らすカエルを選ぶために
大事なことは、
初心者にも親切で
相談にのってくれる店員さんがいて、
信用のおけるショップを選ぶことです。
iZoo園長で爬虫類界のカリスマ・
白輪剛史さんがオススメする
ショップなら安心です。

カエル好きには
タマらない！

静岡県
沼津

カエルの展示種類、日本一！

あわしまマリンパーク「カエル館」

淡島からは美しい富士山を臨むことができる

あわしまマリンパークは西伊豆に浮かぶ小島・淡島全体を使ったレジャーパーク。島内には「淡島の海」をテーマにした水族館があるほか、「カエル館」では日本のカエルから世界のカエルまで50種類以上が常時展示されています。その展示種類は日本一。他ではなかなか見ることのできないカエルも見ることができます。

カエル好きならマストで訪れたい場所。これまでカエルに興味がなかった人も、ここに来ればカエル好きになること間違いなし！

カエルが展示されている水槽の中には植物も植えられ、野生のカエルたちが棲む自然の環境に似た作りになっています。自分で実際にカエルを飼う際に、水槽のデコレーションの参考にもなりそう。

カエル大好きの女性スタッフ鈴木あづきさんが丁寧に説明してくれる

（右）カエル館の中にはたくさんの水槽が。水槽には定期的に雨が降る仕組みになっている。（左）島内にはカエル館のほかに、水族館、イルカやアシカ、ペンギンのプールもある。

同マリンパークではカエル、イモリ、サラマンダーなどの販売も行なっており、販売サイト『カエル通販フィーバー』（www.kaeru-hanbai-fever.co.jp）からの通信販売も可能。カエルについての豆知識やカエル館での日々の出来事をつづったブログも役立ちます。

あわしまマリンパーク「カエル館」

〒410-0221
静岡県沼津市内浦重寺186
TEL：055-941-3126
OPEN：9：30～17：00（年中無休）
※入園は15：30まで

あわしまマリンパーク入場料
大人1600円（中学生以上）
子供800円（4歳～小学生）
※島への船の往復代含む

カエル館入場料：大人100円、子供50円
URL：www.marinepark.jp

行けば思わず
飼いたくなる!

東京都
中野

爬虫類・両生類では日本最大級のお店

爬虫類倶楽部 中野店

中に入るとそこは別世界

店内に一歩足を踏み入れれば、取り扱っている種類の豊富さがひと目でわかります。1階、2階はそれぞれ異なったテーマでディスプレイされており、どちらも一見の価値あり。明るい店内なので、家族連れや女性客一人でも気軽に訪れることができ、いつも賑わっています。

取り扱っている種類もカエル、蛇、トカゲ、ヤモリ、亀、昆虫だけではなく、フクロモモンガやハリネズミまで。まんべんなくなんでも揃っているので、まだ何が飼いたいか決まっていない人も、とりあえず足を運んでみるのがオススメです。

エサや飼育ケージなど飼育に必要なグッズも揃っているので、初心者でも安心。店員さんも親切丁

2階にもいろいろな生物が揃っている

（右）ディスプレイも凝っているので見ていて楽しい。（左）早稲田通り沿い、黄色い看板が目印。最寄り駅はJR中央線「東中野」、または地下鉄東西線「落合」。

寧に飼育のコツなどについて教えてくれます。

　カエルやエサ、飼育グッズの通販も行なっているので、お店に行けない人はお店サイトをチェックしてみて。

　大宮と仙台にもショップがあるので、お近くの人はこちらのお店にも行ってみてはいかが？

爬虫類倶楽部　中野店

〒164-0001
東京都中野区中野6-15-13
尚美堂ビル
TEL：03-3227-5122
OPEN：14：00〜21：00（木曜日定休）
　　　日曜祝日12：00〜20：00
URL：hachikura.com

この他に大宮店、仙台店あり
（サイト参照）

まさに
カエルの王国！

茨城県
石岡

両生類・爬虫類のブリーディング施設

Herptile Farm NUANCE

（ハープタイル・ファーム ニュアンス）

建物の中に入ると、カエルたちがお出迎え

ツノガエルをはじめとする両生類・爬虫類のブリーディング施設兼販売店。特にツノガエルのブリーディングに関しては世界最大規模を誇っているそうです。取り引きのオーダーも80％以上が海外からのものだとか。

オーナーの大津善人氏は10年以上にわたりカエルのブリーディングをしており、この世界では知る人ぞ知る存在。そのノウハウとプライドで、安全かつ丁寧なブリーディングを行ない、健康で厳選された個体のみを提供しています。また、ツノガエルのエサとして今ではなくてはならない「パックマンフード」も大津氏のプロデュースです。

HPではこれまで培ってきたカエル飼育のノウハウも惜しみなく

いろいろな種類のツノガエルに出会える

(右) 大きな水槽ではオタマジャクシを飼育。(左) オタマジャクシから変態したばかりのミニサイズもたくさん。

公開しているので、一見の価値ありです。インターネットでの通信販売のほか、ファームを訪問（要予約）して豊富な種類のなかから自分の目で選ぶこともできます。
問い合わせれば飼育に関するアドバイスもしてくれるので、安心して購入することができます。

Herptile Farm NUANCE
(ハープタイル・ファーム ニュアンス)

〒315-0116　茨城県石岡市柿岡3698-1
TEL：0299-43-0095
OPEN：24時間対応（年中無休・不定休）
発送、卸業務、繁殖の準備などで対応できないこともあり
最寄駅はJR常磐線「石岡」。ファームとの無料送迎あり
最寄りの高速道路IC・常磐道自動車道「千代田・石岡IC」
E-mail：webmail@nuance.to
URL：www.nuance.to

ツイッターで
最新情報を
ゲット！

東京都
高円寺

爬虫類・両生類の専門店

Endlesszone

（エンドレスゾーン）

爬虫類から両生類まで、さまざまな種類を取り扱っている

両生類・爬虫類に関する飼育ガイドブックを数多く手がけているオーナーのお店。それだけに取り扱っている生体もしっかりとしたケアがなされており、安心して購入することができます。

また店員さんたちも飼育に関する知識が豊富なので、わからないことや困ったことがあれば気軽に相談できるのが嬉しい。

サイトでの通信販売も行なっているので、どうしても店に行けない場合は、サイトで自分の欲しい種類の在庫を確認のうえ、問い合わせてみるのもいいでしょう。サイトでの個体の紹介文は詳しく、読んでいるだけでも楽しい。

ツイッター（@enzou2015）でも最新の入荷情報を常にアップ

店内では南米原産のフタイロネコメガエルが大きな目玉でお出迎え

（右）エサや飼育グッズも豊富に取り揃えている。（左）この看板が目印。最寄り駅は地下鉄丸ノ内線「東高円寺」、またはJR中央線「高円寺」。

Endlesszone
（エンドレスゾーン）

〒166-0003
東京都杉並区高円寺南1-19-14
TEL：03-3312-6220
OPEN：15:00〜22:00（木曜日定休）
E-mail：info@enzou.net
URL：www.enzou.net

しているので、そちらをフォローしておくのもいいでしょう。
またこの店では、飼いきれなくなった生体、事情により手放したい生体、自家繁殖した生体などの買い取り・引き取り・下取りを積極的に行なっています。

飼育初チャレンジの人も大歓迎！！

東京都
南烏山

両生類を中心に、爬虫類・奇虫・甲殻類など世界各国の面白生物を販売中

Pumilio

（プミリオ）

ヤドクガエルのゲージ群。多いときはこれらがすべて埋まる

小型店ならではの小回りの効く仕入れで、月に数回の海外からの直輸入（完全自社便）や海外のショーでの直接買付けも行なっているので、他店にはなかなかいない種類が突如として入荷することもしばしばだとか。

取扱品目は多岐に及び、この店の売りでもあるカエルや有尾類を中心に、ヤモリ、カメ、ヘビ、奇虫、植物などなど。もちろん用品も、店主が実際に使用して、お薦めできると思ったものを厳選して販売しています。

種類や状況にもよりますが、通信販売も可能なので、店に直接行けない場合には相談も可能。在庫のない生体や器具などのリクエストも受け付けています。

お店のオーナーは学生時代から

最寄り駅は京王線「芦花公園」。お店は旧甲州街道に面しているがやや見つけにくいので、行く際にはHP等で場所の確認を

(右) ユーモラスな体型が女性に人気のアメフクラガエル。(左) 色合いが美しいイチゴヤドクガエル。

Pumilio
(プミリオ)

〒157-0062
東京都世田谷区南烏山3-9-8-102
TEL：070-5595-9325
OPEN：12:00〜20:00（火曜日定休）
(電話問合せは11:00〜20:00)
※仕入れや通関による変更あり
　正月など年に数回の臨時休業あり
E-mail：t-s-k-nishizawa@agate.dti.ne.jp
URL：www.maroon.dti.ne.jp/pumilio/

専門店でスタッフとして熱帯魚を中心に爬虫類、両生類、猛禽類、小動物など幅広い生き物を扱っており、その豊富な知識から専門誌で爬虫両生類関連の連載、そして専門書の著述もしているほど。そのようなプロフェッショナルなので、飼育相談も安心してできます。

爬虫類マニアの聖地！

静岡県
河津

日本唯一の「爬虫類専門」動物園

iZoo

（イズー）

毎日違う爬虫類に触れる体験ができるのもiZooの魅力

日本唯一の「爬虫類専門」動物園として、爬虫類マニアにはおなじみのいわば〝聖地〟ともいわれるのが東伊豆・河津にあるｉＺｏｏ（イズー）。すべて展示されているわけではありませんが、園内には常時４００種近い爬虫類、両生類がいます。

ｉＺｏｏには、他の動物園にあるような園内地図がありません。それは、毎月のように新しい爬虫類が展示されているからです。園内には、日本でもココだけにしかいないミミナシオオトカゲをはじめとする珍しいトカゲ類からポピュラーな爬虫類までじっくり観察することができます。

また、ｉＺｏｏには、カメに乗ったり、無料の「触れる体験コーナー」もあるので、実際に爬虫類

園内は、南国ムード満点で近くには海と温泉もあります

（左）展示されている爬虫類や両生類などは、ほとんどが全天候型の室内展示。（右）お土産売り場やレストランも充実しています。

に触ることもできます（その日によって触れることのできる爬虫類は変わります）。もちろん、カエルもベルツノガエルを始めとする珍しいカエルも展示しているので、飼育の参考になるはずです。

iZooは、全天候型の動物園。つまり、季節や天候に左右されることなく、いつでも爬虫類に会えるのも大きな魅力です。

iZoo
（イズー）

〒413-0513
静岡県賀茂郡河津町406-2
TEL 0558－34－0003
OPEN：9:00～17:00（年中無休）
入園16:30まで

入園料

区　分	一　般	団体割引／15名以上〈当日可〉
大人（中学生以上）	1,500円	1,200円
小人（小学生）	800円	600円
幼児（6歳未満）	無料	

URL:http://izoo.co.jp/

納得！カエルQ＆A

Q 飼うのが禁止されているカエルがいるってホント？

A ホントです。かつては日本でも食用とされたことから「食用ガエル」の別名を持つウシガエルや、外国原産のヒキガエルなどが「特定外来生物」として輸入や飼育、販売が法律で禁止されています。

これは、それぞれの生体が毒を持っていて危険だから、ではなく、外国原産の生物が日本の自然界に侵入し、日本の生態系を破壊する恐れがあるからです。ちなみに、南米では皮膚の毒が毒矢などに使われるヤドクガエルも、人工飼育下では与えられるエサの関係から、皮膚に毒性がなくなるそうです。

Q 専門店やサイトなどでよく見かける「WC」「CB」って、どういう意味？

A これは、それぞれの個体の生まれを表すもので、WCは「ワイルド・コウト」の略で「原産地で捕獲された野生のもの」、CBは「キャプティブ・ブレッド」の略で「飼育下で繁殖されたもの」という意味です。

一般的には、野生のWCは飼育が難しく、飼育下で誕生・育てられたCBのほうが飼いやすいといわれています。日本で流通しているベルツノガエルはCBがほとんどで、飼育が難しいアマゾンツノガエルはWCのほうが多いです。

Q 自宅近くにカエルを扱っているペットショップがないのですが、どうしたらいいですか？

A 多くの専門店がHPを持っており、そこで通信販売も行なっています。気に入った個体を見つけたら、問い合わせてみてはいかがでしょうか。飼育ケースやエサなどもそこで購入できます。前項にあるお薦めのショップのHPなどを参考にしてみてください。

また、静岡市にあるツインメッセ静岡で毎年２回、日本最大級の爬虫類展示即売会である「ジャパンレプタイルズショー」が開催されています。日本各地や海外から１００社以上の爬虫類販売業者、メーカー、出版社が集まるので、時間があったらぜひ行ってみてください。開催日時など詳しくはHPをご覧ください。

(www.rep-japan.co.jp/jrs/)

「ジャパンレプタイルズショー」のポスター

Q 通信販売で購入すると、カエルはどのような方法で送られてきますか？

A HPで見初められて注文を受けたカエルさんたちは、柔らかな素材に包まれたケースに入れられ、宅配便にて送付されます。北海道から沖縄まで、通常は発送の翌日には手元に届きます。

これでほとんど問題は起こりませんが、ごくまれに輸送中のトラブルなどで到着時にすでに死亡しているケースもあります。この場合には、受け取ったらすぐに連絡すれば、ショップ側が無償で再発送または全額返金してくれます。

カエルの運送方法

フカフカな素材で包んでショックを吸収

通信販売でのカエルの購入は法律に違反しませんか？

A 違反していません。平成24年に改正、翌年に施行された動物愛護管理法において、哺乳類、鳥類、爬虫類の販売に際しては現物確認・対面販売をすることが義務づけられ、基本的には通信販売が禁止されました。

しかし、カエルが属する両生類はこれに含まれていません。なので法律の面においては、安心して通信販売でも購入することができます。ただしこれは、認可を得た動物取扱業者からの購入に限られます。ＨＰに動物取扱業に関する事柄がちゃんと表示されているところを選びましょう。

何らかの理由で飼えなくなったカエルはどうしたらいい？

捨てられたら死んじゃうよ。最期まで飼ってね♡

A 本来なら飼い始めたら最期まで面倒を見て育ててあげるのが飼い主の義務ですが、さまざまな理由から手放さざるを得ないこともあります。その場合、ショップにもよりますが、カエルを取り扱っている専門店に連絡すれば引き取ってくれます。

絶対にしてはならないのが、野に放って捨ててしまうこと。ベルツノガエルは日本の自然環境下では生きていくことができず、すぐに死んでしまいます。また、ベルツノガエルは外来種であるため、周囲の生態系を壊してしまう可能性もあります。

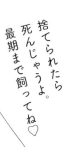

写真提供

●あわしまマリンパーク
アマガエル（P9,P48）
ベトナムコケガエル（P18,P21）
アズマヒキガエル（P19）
アカメアマガエルの卵（P20）
アフリカツメガエル（P24）
モリアオガエル（P28）
アイゾメヤドクガエル（P29）
ロココヒキガエル（P31）
ベルツノカエル（P32,P70）
フタイロネコメガエル（P33）
ミツヅノコノハガエル（P34）
モモアカアルキガエル（P43）
バジェットガエル（P46）
アジアジムグリガエル（P49）
●iZoo
アカメアマガエル（P10,P30,P49）
イエアメガエル（P10,P44）
ベルツノガエル（P12,P52）
アメフクラガエル（P25）
ミツヅノコノハガエル（P35）
●Herptile Farm NUANCE
ベルツノガエル（P72,P73）

参考文献

『世界と日本のカエル大図鑑』（監修・松井正文　写真と文・関　慎太郎／PHP）
『原色　爬虫類・両生類検索図鑑』（高田榮一、大谷　勉著／北隆館）
子供の科学★サイエンスブック「カエルの知られざる生態／松橋利光」誠文堂新光社

Staff

プロデューサー／西垣成雄
編集・構成／佐藤義朗
原稿／佐藤義朗・大室衛
写真／大室衛（第４章）
装丁／志摩祐子（レゾナ）
ブックデザイン／レゾナ（志摩祐子・西村絵美）
イラスト／アカハナドラゴン

監修

白輪剛史（しらわ・つよし）

幼少より爬虫類に興味を持ち、独学で爬虫類の入手法や流通、育成などのすべてを学ぶ。2012年iZoo（体感型動物園イズー）を開園、園長に就任。爬虫類に関する日本最大級のイベント「ジャパンレプタイルズショー」を主催し、執筆、講演、テレビ出演などマルチに活動している。

初めてでも大丈夫！
ベルツノガエルの飼い方・育て方

初版印刷　2015年８月10日
初版発行　2015年８月25日

監修者　白輪剛史
発行者　小林悠一
発行所　株式会社東京堂出版
〒101-0051
東京都千代田区神田神保町 1-17
電話　03-3233-3741
振替　00130-7-270
印刷所　東京リスマチック（株）
製本所　東京リスマチック（株）

ISBN978-4-490-20915-0 C0076